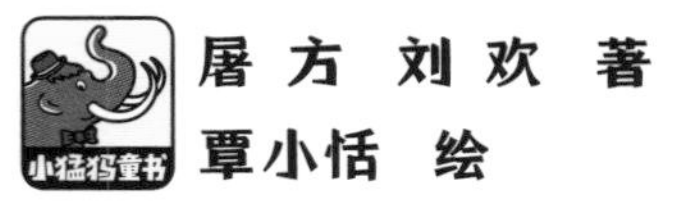

屠方 刘欢 著
覃小恬 绘

你好，中国的房子
黎族的船形屋

電子工業出版社
Publishing House of Electronics Industry
北京·BEIJING

黎族人民世代居住在美丽富饶的海南岛，用智慧创造了独具特色、丰富多彩的民族文化。

海南省东方市的白查村被称为“黎族最后的古村落”。村子里有许多茅草屋，犹如一艘艘倒扣着的船，黎族人把它们称为船形屋。

船形屋是黎族优秀建筑文化的结晶，也是国家级非物质文化遗产。

在山水环绕的白查村中，勤劳的黎族人开垦出一片片金黄色的稻田，八十多座古老的船形屋坐落其中。在椰林的掩映下，整个村庄充盈着原始的魅力，也沉淀着历史的韵味。

据说，海南岛的原住民都是从外地迁徙而来的，船是他们最重要的交通工具。

关于船形屋还有一个凄美的故事。一个叫丹雅的公主三次出嫁都不顺利，便被污蔑为国家的“扫帚星”。国王无奈，只能将丹雅公主送上一艘小船。她带着一只狗和一些粮食，漂荡在茫茫的大海之上，历经狂风暴雨，最终到达了海南岛。

为了躲避野兽，丹雅公主竖起几根木桩，把小船倒扣在木桩上当屋顶，又在四周用芭蕉叶、茅草等植物围成墙。小狗就在门口忠实地守护着她。这个船形的屋子成为丹雅遮风挡雨的家，后来，它逐渐演变成黎族的传统民居——船形屋。

传统的船形屋长而阔，茅檐低矮，主要用当地各种粗壮的树干以及柔韧的竹子、藤条、茅草等植物作为建筑材料。

这些材料轻便、耐用，具有隔热防雨的作用，非常适合在海南岛这样湿热的热带环境中使用。

建造船形屋可不容易。首先要选好建造船形屋的地基，然后再立承重柱。中间3根坚硬的高柱子被称为“戈额”，意为男人；两边6根矮柱子被称为“戈定”，意为女人。这代表了一个家由男女组合而成，双方共同经营幸福的生活。

船形屋的承重柱立好后，再用直梁、檩条和椽子互相连接固定，做成房屋的整个骨架结构。这样的构造非常结实，可以抵抗狂风暴雨的侵袭。在做好船形屋的主要部分后，黎族人用黏土将室内地面铺平，浇上水，反复用脚踩或用重物压平、压实。地面晾干后就会变得特别坚硬。

房顶用藤条扎成拱形，上面覆盖的茅草几乎延伸到地面上，可以起到遮阳挡雨的作用。

黎族人用竹条编制成墙，并与柱子紧紧地捆扎在一起，再用稻草泥混合物涂抹竹墙，干后就成为密不透风的泥墙。

在室内坚硬的地面上支起三足灶，这里就成了黎族人生火做饭的地方。灶火带来的热气也能够保持船形屋的主要建造材料干燥，防止虫蛀和腐烂，延长使用年限。

船形屋用木材、茅草修建，又在屋内生火做饭，非常容易失火，因此防火是重中之重。黎族人离开屋子外出劳作时，一定要用草木灰或者水将三足灶的火熄灭。一旦不小心着火了，村子里的人会敲锣打鼓地通知附近的人一起救火。如果有人不来参加救火，按照村规要被罚酒、罚肉、罚米。

黎族人互帮互助的良好民风从古延续至今。

大多数的船形屋长约14米，宽约6米，高约3米，一般分为三间，中间为大厅，两边为卧室。也有前面为厅，后面为卧室的布局。

由于船形屋没有窗户，所以多面向大海，迎海风而建，这样有利于室内通风。

屋前有一个大门廊，可堆放农耕工具等生产生活用具，也可以供人们纳凉、休息。闲暇时，男人在门廊前编织竹篓，女人坐在自家门前纺纱织布，为全家制作精美的服饰。

黎族人特别注意礼仪，保留着很多古老的礼仪规范：有客人来，全家会在门口迎接以示尊敬；与邻里乡亲在村里的小路上相遇，主动给对方让路；打招呼时，相互之间侧身挨近，互拍肩膀，以示友好；如果遇见小孩，就拍拍屁股，表示疼爱；遇到怀雅（族长）则弯腰低头表示敬重。

孩子们尤其喜欢在屋前空旷的地方玩耍，他们常常聚在一起，无忧无虑地玩着游戏。

他们三五成群，有的荡秋千，有的玩石子，有的放风筝，欢声笑语让村庄充满了生机。

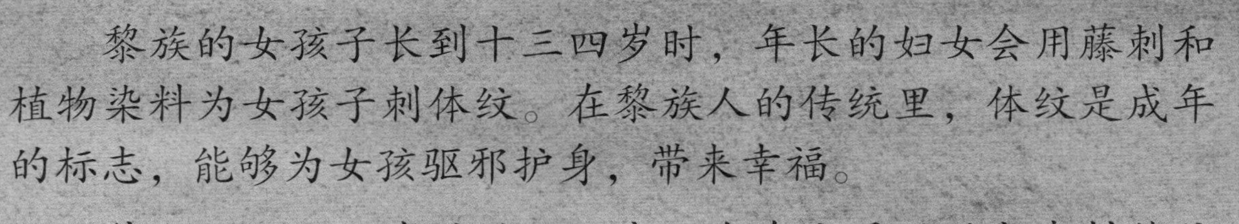

黎族的女孩子长到十三四岁时，年长的妇女会用藤刺和植物染料为女孩子刺体纹。在黎族人的传统里，体纹是成年的标志，能够为女孩驱邪护身，带来幸福。

待女孩子十五岁的时候，家人会在主屋附近或者村落偏僻的地方建造一座稍小一些的船形屋，称为隆闺。隆闺是黎族男女青年谈情说爱的场所。

捕鱼是黎族人除耕种外重要的农业生产活动。

除了传统的钓鱼、网鱼、竹篓捕鱼，黎族人还掌握着一门独特的捕鱼技术——射鱼。

射鱼者手持弓箭，轻步行走在河流中。看到游动的鱼，射鱼者举起弓箭，瞄准鱼身，“嗖”的一声，中箭的鱼就成了战利品。

黎族人经常需要渡河，为此，他们发明了一种独特的交通工具——渡河葫芦。

他们用竹篾或藤条给大葫芦编一个网，这样不仅能够保护葫芦不受磕碰，又能把葫芦当成游泳圈，保证自身安全。在渡河时，渡河者将衣物、干粮等放入葫芦里，盖上盖子，抱着葫芦游到目的地，然后取出衣物穿上，背起葫芦继续赶路。

每年农历的三月初三是黎族人重要的节日。每到这个时候，村里村外花团锦簇。庆祝活动庄严而热闹，为了办好庆祝活动，家家户户早早准备，酿制美酒，准备食物。各村各寨的男青年们提前半个月相约到山上狩猎，他们把捕获的猎物放在各自的奥雅（老人）屋中腌制风干，制成独具特色的美味。而女青年们则聚在一起为自己和家人准备漂亮的节日服饰。

同时，三月初三也是青年男女相亲的重要日子。

节日当天，由村寨的怀雅主持仪式，祭拜祖先。青年男女穿着盛装，各自带上准备好的美酒、美食相聚在一起。青年男女以对歌的方式寻找自己的心上人。

入夜时分，篝火燃起，男女老少围着篝火尽情地跳舞、唱歌，气氛欢快、热烈。

随着时代的发展，船形屋已经退出了黎族人的生活舞台，现在的黎族人民已经住上了宽敞明亮的房子。但是，船形屋作为黎族人对祖先的纪念，意义丝毫不减，并一直世代相传。

如今，船形屋成了重要的旅游景点，不仅弘扬和保护了民族文化，也是黎族人民文化致富的重要项目。从此，船形屋用另一种方式守护着海南岛上的黎族人民。

图书在版编目（CIP）数据
你好，中国的房子. 黎族的船形屋 / 屠方, 刘欢著 ; 覃小恬绘. -- 北京 : 电子工业出版社, 2022.7
ISBN 978-7-121-43489-1

Ⅰ. ①你… Ⅱ. ①屠… ②刘… ③覃… Ⅲ. ①黎族－民居－建筑艺术－中国－少儿读物 Ⅳ. ①TU241.5-49

中国版本图书馆CIP数据核字（2022）第085040号

责任编辑：朱思霖
印　　刷：北京瑞禾彩色印刷有限公司
装　　订：北京瑞禾彩色印刷有限公司
出版发行：电子工业出版社
　　　　　北京市海淀区万寿路173信箱　邮编：100036
开　　本：889×1194　1/16　印张：22.5　字数：97.25千字
版　　次：2022年7月第1版
印　　次：2023年5月第4次印刷
定　　价：200.00元（全10册）

凡所购买电子工业出版社图书有缺损问题，请向购买书店调换。若书店售缺，请与本社发行部联系，联系及邮购电话：（010）88254888，88258888。
质量投诉请发邮件至zlts@phei.com.cn，盗版侵权举报请发邮件至dbqq@phei.com.cn。
本书咨询联系方式：（010）88254161转1859，zhusl@phei.com.cn。